Edda Kloos

Faltbänder zur Frühlingszeit

ENGLISCH VERLAG

Die Deutsche Bibliothek - CIP-Einheitsaufnahme
Faltbänder zur Frühlingszeit / Edda Kloos. - Wiesbaden: Englisch, 1998
ISBN 3-8241-0814-3

ISBN 3-8241-0814-3

Printed in Germany

Inhaltsverzeichnis

Vorwort

Dekorative Faltbänder mit frühlingsbunten Motiven sind schnell gebastelt. Ein Streifen Papier wird gefaltet, das Motiv darauf übertragen und ausgeschnitten. Nach dem Auseinanderfalten haben Sie dann Schnitt an Schnitt dekorative Blumenmuster oder originelle Tierfiguren. Sie können diese Faltbänder anschließend vielseitig verwenden, denn Faltbänder eignen sich sowohl als Fenster- und Wandschmuck als auch zur Tischdekoration.

Außer Tonpapier läßt sich natürlich auch mit Geschenk- oder Packpapier arbeiten. In diesem Band finden Sie neben einfachen Motiven ohne Innenschnitte auch filigrane Motive, die beim Schneiden zwar etwas Geduld erfordern, dafür aber anschließend auch faszinierende Formen ergeben.

Es gibt außerdem einfarbige Bänder, die im Handumdrehen ausgeschnitten sind, und bunte Motive, bei denen einzelne Motivteile aus verschiedenfarbigem Tonpapier ausgeschnitten und dann auf das Grundmotiv aufgeklebt werden.

Die Bastelanleitung zu Beginn des Buches führt in die einzelnen Arbeitsschritte ein, die sich in diesem Grundprinzip bei jedem Motiv wiederholen.

Und nun wünsche ich Ihnen viel Spaß beim Blättern, Schneiden und Kleben!

Edda Kloos

Arbeitsmaterial und Werkzeuge

Um die in diesem Buch vorgestellten Faltbänder zu basteln, benötigen Sie folgendes Material und Werkzeug:

- Transparentpapier zum Anfertigen der Schablone
- Tonpapier in verschiedenen Farben
- Bleistift (HB)
- Geodreieck
- Cutter
- Schere
- Tacker
- Klebstoff

Welche Papiere eignen sich für Faltbänder?

Neben farbigem Tonpapier können Sie auch Geschenk- oder Packpapier verwenden. Für kleinere Motive eignet sich übrigens auch Schreibmaschinenpapier. Schreibmaschinenpapier ist zwar kleiner im Format, hat aber den Vorteil, dass es viel dünner ist und sich deshalb auch leichter falten und schneiden lässt. Schreibmaschinen- bzw. Kopierpapier ist in vielen verschiedenen Farben erhältlich.

Bastelanleitung

Anfertigen der Schablonen

Bei den Motiven auf dem Vorlagebogen finden Sie gestrichelte und durchgezogene Linien.
Die gestrichelten Linien zeigen das Format, auf das das Tonpapier gefaltet wird. Beim abgebildeten Blütenmotiv ist dieses Format z. B. 9 cm (Höhe) x 5,5 cm (Breite). Die durchgezogene Linie ist das eigentliche Motiv, das später ausgeschnitten wird.
Pausen Sie zuerst das Blütenmotiv (durchgezogene Linie) mit Bleistift auf Transparentpapier ab. Daneben übertragen Sie auch den Umriss des zweiten Blütenteils und das gestrichelte Rechteck. Kleben Sie das Transparentpapier auf den Fotokarton. Dann schneiden Sie drei Teile aus (Foto 1).

Foto 1

Falten des Tonpapiers

Schneiden Sie von Ihrem Bogen Tonpapier einen Streifen ab. Die Breite des Streifens entspricht der Höhe des Formats, in unserem Beispiel 9 cm. Legen Sie nun den Tonpapierstreifen entsprechend der Motivbreite (hier 5,5 cm) in Abschnitte zu 5,5 cm. Damit die Faltlinien exakt und sauber sind,wird das Tonpapier mit dem Cutter leicht angeritzt. Falten Sie das Papier zu einer Ziehharmonika (Foto 2).

Foto 2

Übertragen der Schablonen

Legen Sie die Blütenbandschablone auf das zusammengefaltete Papier und zeichnen dann den Umriss mit Bleistift nach (Foto 3).

Foto 3

Ausschneiden des Bandes

Damit das mehrfach gefaltete Papier beim Ausschneiden nicht verrutscht, heften Sie es einfach mit dem Tacker an zwei bis vier Stellen außerhalb des Motivs zusammen. Zum Ausschneiden sollten Sie einen Cutter verwenden. Wenn Sie mit dem Cutter arbeiten, benötigen Sie eine geeignete Schneidunterlage. Der Fachhandel bietet spezielle Schneidematten an. Sie können aber auch ein Schneidbrett aus der Küche oder eine dicke Pappe verwenden (Foto 4).

Foto 4

Zierteile zum Aufkleben

Bei manchen Bändern werden separat ausgeschnittene Blütenteile benötigt. Legen Sie hierfür einfach drei oder vier Tonpapierrechtecke der gewünschten Farbe(n) aufeinander.
Auf das oberste Tonpapier legen Sie die Blütenschablone und zeichnen den Umriss mit Bleistift nach. Auch hier heften Sie die Papiere mit dem Tacker zusammen, damit sie beim Ausschneiden nicht verrutschen können.
Die ausgeschnittenen Teile kleben Sie auf das auseinander geklappte Papierband (Foto 5).
Sie können die ausgeschnittenen Bänder auch einfach mit bunten Markierungspunkten bekleben. Diese Punkte sind selbstklebend und in verschiedenen Größen und Farben im Fachhandel erhältlich.

Foto 5

Frühlingshafte Faltbänder

1. Märzbecher

Material

- blaues und weißes Tonpapier

Anleitung

Dieses hübsche Band ist schnell nachgearbeitet.

Die untere Schnittreihe schneiden Sie vollständig aus blauem Tonpapier aus.
Bei der oberen Blütenreihe werden die weißen Zierteile separat ausgeschnitten und anschließend auf das blaue Grundmotiv aufgeklebt.

2. Vogelschar

Material
- *rotes und gelbes Tonpapier*
- *schwarzer Filzstift*

Anleitung
Amsel, Drossel, Fink und Star und die ganze Vogelschar... Hier sehen Sie zwei Varianten der lustigen Singvögel, die Sie durch ihre Vielzahl an Farben erfreuen werden.
Die Vogelaugen können Sie entweder mit einem schwarzen Filzstift aufmalen oder, solange das Band noch zusammengefaltet ist, mit einer Lochzange ausstanzen.

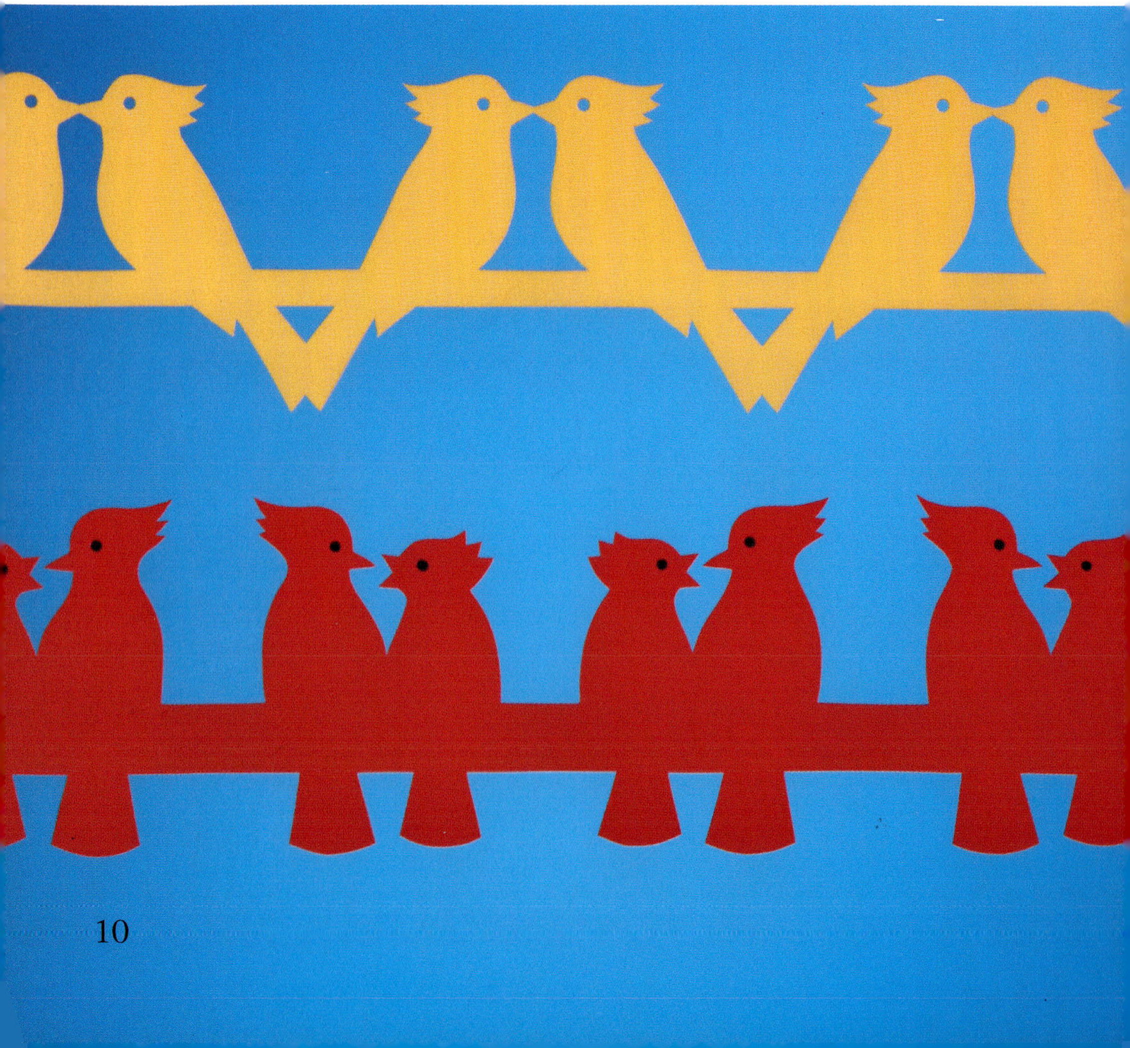

3. Glockenblumen

Material
- ***gelbes und weißes Tonpapier***

Anleitung
Diese Frühlingsboten können Sie in jeder beliebigen Farbe gestalten. Führen Sie zuerst die Innenschnitte aus, bevor Sie die Umrisse ausschneiden.

4. Blütenkelche

Material
- ***weißes und gelbes Tonpapier***

Anleitung
Diese Blütenkelche können Sie in mehreren Varianten basteln, entweder mit oder ohne Innenschnitte. Bei der unteren Blütenreihe führen Sie zuerst die Innenschnitte aus, bevor Sie die Umrisse ausschneiden.

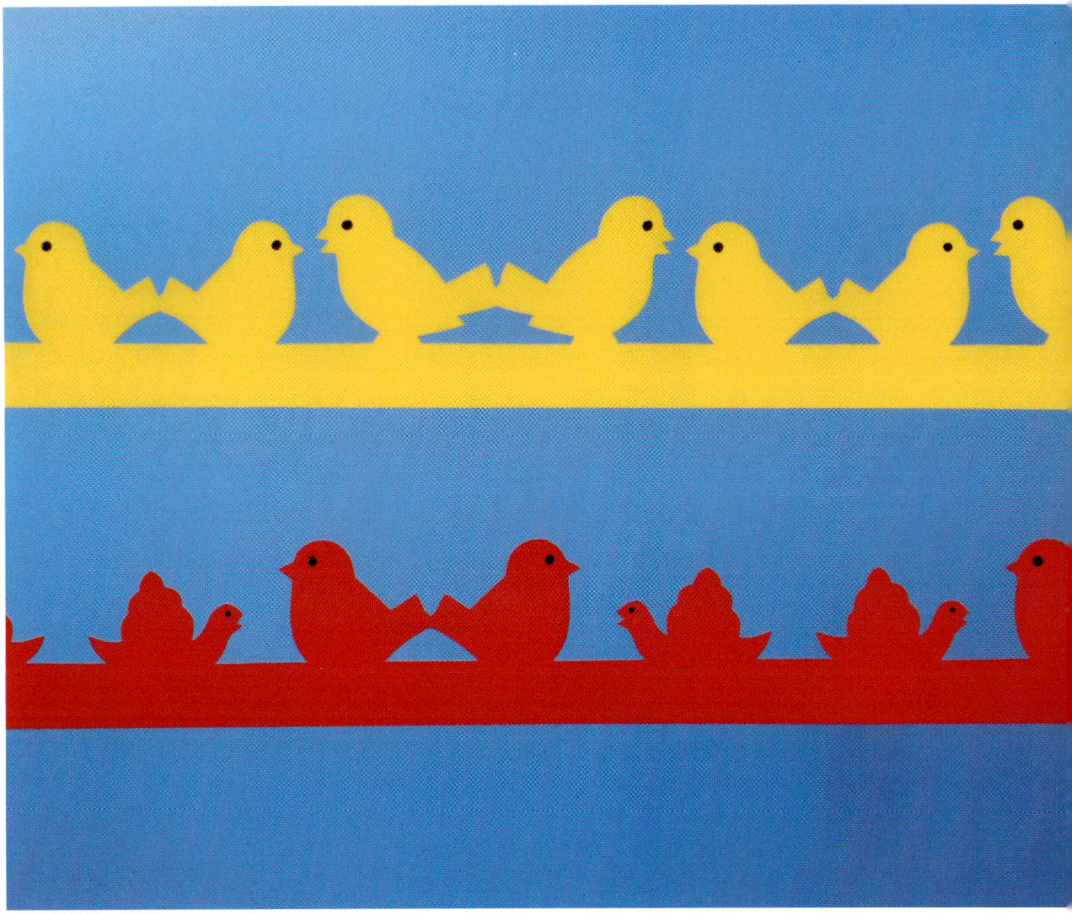

5. Vögel und Schnecken

Material

- *rotes und gelbes Tonpapier*
- *schwarzer Filzstift*

Anleitung

Hier sehen Sie zwei ganz einfache Faltbänder mit nur einem Innenschnitt. Die Augen der Vögel und Schnecken werden abschließend mit Filzstift aufgemalt.

6. Blütenbesucher

Material
- *blaues und rotes Tonpapier*

Anleitung
Sehen unsere Blütenbesucher nicht wunderschön aus? Die Tieraugen und die Punkte auf den Schmetterlingsflügeln werden mit der Lochzange aus dem noch zusammengefalteten Band ausgestanzt oder einfach aufgemalt.

7. Blütentraum

Material
- ***blaues Tonpapier***

Anleitung
Die Faltbänder erinnern in ihrer Form an die Blumenornamente von Jugendstilmotiven, finden Sie nicht? Sie können sie in jeder beliebigen Farbe arbeiten.

8. Blumenwiese

Material
- ***rotes und gelbes Tonpapier***
- ***weiße Markierungspunkte***

Anleitung
In solch leuchtenden Farben können Sie diese Blumenwiese für Ihre Wohnung basteln!
Die weißen Markierungspunkte, die Sie auf die fertig zugeschnittenen Bandmotive kleben, setzen zusätzliche Akzente.
Viel Spaß!

9. Weiße Vögel

Material
- *weißes Tonpapier*

Anleitung
Basteln Sie sich Ihre ganz persönlichen Friedensboten und Glücksbringer. Bei diesen weißen Vögeln werden die Vogelaugen entweder aufgemalt oder mit der Lochzange ausgestanzt.

10. Kornblumen und Klatschmohn

Material

- *blaues, rotes und grünes Tonpapier*
- *schwarze Markierungspunkte*
- *weiße Markierungspunkte*

Anleitung

Kornblumen und Klatschmohn setzen farbenfrohe Akzente an Ihr Fenster und lassen dieses zum Sommerfeld werden. Bei beiden Blumenreihen wird zuerst das grüne Grundmotiv ausgeschnitten. Anschließend werden die farbigen Motivteile aufgeklebt.
Markierungspunkte in Schwarz und Weiß bilden die Blütenmitte.

11. Ganz in Rot

Material
- ***rotes Tonpapier***

Anleitung

Ganz in Rot, ganz in Blau, ganz in Gelb oder Grün...
Bei diesem dekorativen Motiv wirken die Blüten am besten einfarbig.

12. Gänse

Material
- *weißes Tonpapier*

Anleitung
Diese hübschen Gänsebänder sind schnell nachgearbeitet und in ihrer Wirkung ganz groß! Die Augen werden mit der Lochzange ausgestanzt, solange das Band noch zusammengefaltet ist.

13. Blütenreigen

Material
- *rotes und weißes Tonpapier*
- *weiße Markierungspunkte*

Anleitung
Was wäre der Frühling ohne Blumen?
Bei der oberen Motivreihe schneiden Sie zuerst das weiße Grundmuster aus und kleben anschließend die roten Motivteile und hierauf wieder die weißen Markierungspunkte auf. Die rote Blumenreihe wird einfarbig ausgeschnitten und mit den roten Motivteilen und weißen Markierungspunkten beklebt.

14. Tulpe an Tulpe

Material

- ***rotes Tonpapier***

Anleitung

Hier sehen Sie wieder ein dekoratives Schnittmuster, das durch seine klaren Formen wirkt.

An diesem Motiv können Sie die eingearbeiteten Inneschnitte erkennen, die Sie aber nicht unbedingt einbringen müssen. Genauso können Sie auch andere Farben zum Basteln verwenden.

15. Hasen

Material

- ***weißes, braunes oder schwarzes Tonpapier***
- ***schwarze oder weiße Markierungspunkte***

Anleitung

Häschen hüpf, Häschen hüpf, Häschen hüpf.

Auch hier können Sie Ihrer Kreativität freien Lauf lassen, denn es gibt ja einfarbige Hasen, gescheckte Hasen, getüpfelte Hasen....
Die Augen der Hasen können mit einem schwarzen Filzstift aufgemalt werden, aber Sie können stattdessen auch Markierungspunkte als Augen aufkleben.

16. Hähne und Gänse

Material
- *weißes Tonpapier*
- *schwarzer Filzstift oder Lochzange*

Anleitung

Blütenweißes Federvieh reiht sich hier Feder an Feder. Die Augen können Sie entweder mit einer Lochzange aus dem noch gefalteten Band ausstanzen, oder aber Sie malen die Augen mit einem schwarzen Filzstift auf.

17. Gänschen

Material
- *gelbes und orangefarbenes Tonpapier*
- *schwarzer Filzstift*

Anleitung
Gerade geschlüpft sind diese kleinen Gänseküken. Schneiden Sie die Gänschen aus Tonpapier aus und malen Sie die Augen auf.

18. Schmetterlinge

Material

- ***gelbes und rotes Tonpapier***
- ***schwarzer Filzstift***

Anleitung

Hier sehen Sie zwei ganz einfache Faltbänder ohne Innenschnitte. Die Augen werden mit schwarzem Filzstift aufgemalt und schon kann sich an Ihrem Fenster ein bunter Schmetterlingsreigen entfalten.

19. Schnecken und Blumen

Material
- *rotes Tonpapier*
- *weiße Markierungspunkte, ø 12 mm*
- *schwarzer Filzstift*

Anleitung
Unser Titelmotiv finden wir in einfarbiger Variante abgebildet. Die weißen Markierungspunkte auf den roten Blüten setzen einen hübschen Kontrast. Die Augen der Schnecken zeichnen Sie einfach mit schwarzem Filzstift auf.

20. Clematis

Material
- ***lila und grünes Tonpapier***
- ***weiße Markierungspunkte, ∅ 12 mm***

Anleitung

Dieses aparte Blumenornament wirkt schwieriger als es ist! Schneiden Sie zuerst das Blattwerk aus grünem Tonpapier aus und kleben Sie anschließend die lila Blüten auf.
Zum Schluss setzen Sie noch je einen weißen Markierungspunkt in die Blütenmitte.

21. Bunte Blütenbänder

Material

- *rotes, gelbes und grünes Tonpapier*
- *weiße und schwarze Markierungspunkte, ⌀ 12 mm*

Anleitung

Bei diesen frühlingsbunten Blütenbändern schneiden Sie zuerst das Blattgrün aus Tonpapier aus. Anschließend kleben Sie die verschiedenfarbigen Blüten abwechselnd auf den grünen Untergrund und setzen auf der Blütenmitte mit Markierungspunkten in Weiß oder Schwarz Akzente.

22. Blumenornament

Material
- *gelbes Tonpapier*

Anleitung
Richtig edel wirkt dieses Ornamentband. Sie können es in jeder beliebigen Farbe basteln.

23. Seerosen

Material
- ***gelbes und weißes Tonpapier***

Anleitung
Dieses aparte Seerosenband können Sie in zwei verschiedenen Varianten arbeiten.

Bei der einfachen, einfarbigen Variante wurde das untere Blatt weggelassen. Das aufwendigere weiß-gelbe Band entsteht, wenn Sie zuerst das Blattwerk aus weißem Tonpapier ausschneiden und anschließend die gelben Blüten aufkleben.

ENGLISCH VERLAG

Bücher für Kreative

ISBN 3-8241-0816-X
Broschur, 32 S., Vorlageb.

ISBN 3-8241-0863-1
Broschur, 32 S., Vorlageb.

ISBN 3-8241-0814-3
Broschur, 32 S., Vorlageb.

ISBN 3-8241-0733-3
Broschur, 32 S., Vorlageb.

ISBN 3-8241-0856-9
Broschur, 32 S., Vorlageb.

Lust auf Mehr?

Liebe Leserin, lieber Leser,

natürlich haben wir noch viele andere Bücher im Programm. Gerne senden wir Ihnen unser Gesamtverzeichnis zu. Auch auf Ihre Anregungen und Vorschläge sind wir gespannt.
Rufen Sie uns einfach an oder schreiben Sie uns.

Englisch Verlag GmbH
Postfach 2309 · 65013 Wiesbaden
Telefon 06 11/9 42 72-0 · Telefax 06 11/9 42 72 30
E-mail: englisch@englisch-verlag.de
Internet: http://www.englisch-verlag.de